Thomas Gottwald

Herstellen von befestigten Flächen

Praktische Prüfungsvorbereitung zur Zwischenprüfung Gärtner / Gärtnerin, Fachrichtung Garten- und Landschaftsbau

GRIN Verlag

Bibliografische Information der Deutschen Nationalbibliothek:

Die Deutsche Bibliothek verzeichnet diese Publikation in der Deutschen National-
bibliografie; detaillierte bibliografische Daten sind im Internet über http://dnb.d-
nb.de/ abrufbar.

Dieses Werk sowie alle darin enthaltenen einzelnen Beiträge und Abbildungen
sind urheberrechtlich geschützt. Jede Verwertung, die nicht ausdrücklich vom
Urheberrechtsschutz zugelassen ist, bedarf der vorherigen Zustimmung des Verla-
ges. Das gilt insbesondere für Vervielfältigungen, Bearbeitungen, Übersetzungen,
Mikroverfilmungen, Auswertungen durch Datenbanken und für die Einspeicherung
und Verarbeitung in elektronische Systeme. Alle Rechte, auch die des auszugsweisen
Nachdrucks, der fotomechanischen Wiedergabe (einschließlich Mikrokopie) sowie
der Auswertung durch Datenbanken oder ähnliche Einrichtungen, vorbehalten.

Impressum:

Copyright © 2009 GRIN Verlag GmbH
Druck und Bindung: Books on Demand GmbH, Norderstedt Germany
ISBN: 978-3-640-26836-8

Dieses Buch bei GRIN:

http://www.grin.com/de/e-book/122424/herstellen-von-befestigten-flaechen

GRIN - Your knowledge has value

Der GRIN Verlag publiziert seit 1998 wissenschaftliche Arbeiten von Studenten, Hochschullehrern und anderen Akademikern als eBook und gedrucktes Buch. Die Verlagswebsite www.grin.com ist die ideale Plattform zur Veröffentlichung von Hausarbeiten, Abschlussarbeiten, wissenschaftlichen Aufsätzen, Dissertationen und Fachbüchern.

Besuchen Sie uns im Internet:

http://www.grin.com/

http://www.facebook.com/grincom

http://www.twitter.com/grin_com

Thomas Gottwald

Herstellen von befestigten Flächen
Praktische Prüfungsvorbereitung zur Zwischenprüfung
Gärtner / Gärtnerin, Fachrichtung Garten- und
Landschaftsbau

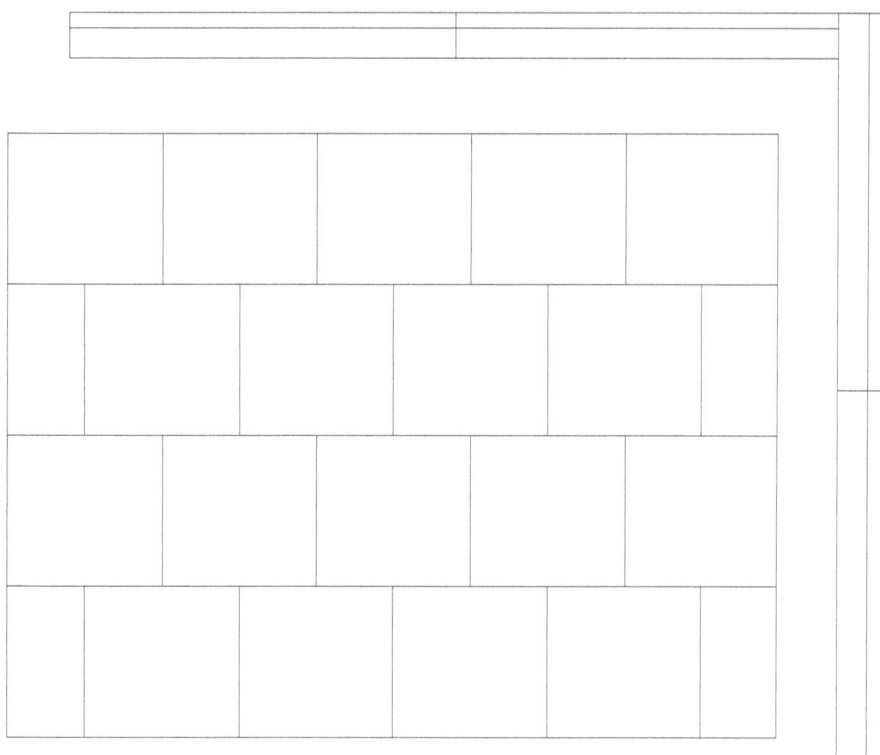

Inhaltsverzeichnis

Einleitung

Kaum etwas wird so geheim gehalten, wie Prüfungsfragen und -aufgaben. Aber warum ist das eigentlich so? Sollen die Prüflinge - ob in Schule, in der Lehrausbildung oder auch an Hochschulen und Universitäten - keine Möglichkeit bekommen, sich gezielt auf ihren großen Tag vorzubereiten? Welches Geheimnis steckt hinter dem wahrscheinlich riesigen Pool an Fragen oder praktischen Aufgaben, die einen Prüfling erwarten? Was unterscheidet eine Prüfungsfrage von jener, die in einer Übersicht am Ende eines Fachbuchkapitels als Testfrage zur Übung oder Festigung steht?

Die Antwort auf diese Fragen kann ich nicht liefern. Als Ausbilder für Landschaftsgärtner an einem Bildungsunternehmen war und bin ich ständig auf der Suche nach Vorlagen für praktische Prüfungsaufgaben, um die mir anvertrauten Auszubildenden möglichst gezielt auf die Zwischen- und Abschlussprüfungen vorzubereiten. Dabei ergeht es mir, wie den Jugendlichen selbst: Die Recherche bleibt erfolglos. Einige wenige zuständige Stellen publizieren Muster oder ehemalige Prüfungsaufgaben.

Diese Ausgangssituation veranlasste mich dazu, einige Werkpläne mit einem entsprechenden Leistungsverzeichnis zu erstellen, die den Anforderungen an Teilnehmer einer Zwischenprüfung in der Ausbildung zum/zur Gärtner/ Gärtnerin, Fachrichtung Garten- und Landschaftsbau, entsprechen.

Die Sammlung enthält ausschließlich Pläne zum Herstellen befestigter Flächen. Andere prüfungsrelevante praktische Aufgaben sind nicht Bestandteil dieses Buches.

Aus Vereinfachungsgründen verwende ich anstelle der korrekten Berufsbezeichnung „Gärtner/Gärtnerin, Fachrichtung Garten- und Landschaftsbau" den Begriff Landschaftsgärtner.

Prüfungsinhalte bei Zwischenprüfungen der Landschaftsgärtner

Für jeden anerkannten Ausbildungsberuf gibt es in Deutschland eine entsprechende, bundesweit geltende Ausbildungsordnung. Diese enthält alle wichtigen Bestimmungen, die die Ausbildung betreffen. Unter anderem werden auch die Prüfungsinhalte der Zwischen- und Abschlussprüfungen geregelt.

Für Landschaftsgärtner kann man der entsprechenden Verordnung (Stand 06. März 1996) für die Zwischenprüfung entnehmen:

„(1) Zur Ermittlung des Ausbildungsstandes ist eine Zwischenprüfung durchzuführen. Sie soll vor dem Ende des zweiten Ausbildungsjahres stattfinden.
...
(4) Der Prüfling soll in der praktischen Prüfung in insgesamt höchstens drei Stunden drei Aufgaben durchführen und jeweils in einem Prüfungsgespräch erläutern. Es kommen insbesondere in Betracht:
1. Durchführen von Arbeiten an der Pflanze,
2. Einsatz von Werkzeugen und Geräten,
3. Vermehren von Pflanzen,
4. Be- und Verarbeiten von Materialien und Werkstoffen,
5. Durchführen von Bodenbearbeitungsmaßnahmen,
6. Durchführen von Pflegemaßnahmen an Maschinen, Geräten oder baulichen Anlagen.“
(§ 8, Verordnung über die Berufsausbildung zum Gärtner / zur Gärtnerin)

Diese Auflistung enthält einerseits Spielraum für die zuständigen Prüfungskommissionen, aber auch einen festen Rahmen.

Eine Garantie über die Art und Inhalte der Aufgaben kann niemand geben. Ein Teil der Zwischenprüfung bei Landschaftsgärtnern ist meist das Herstellen einer kleinen befestigten Fläche oder Details hiervon. Schließlich muss der Prüfling hier Werkzeuge und Geräte einsetzen und auch Materialien und Werkstoffe verarbeiten.

Im Gegensatz zur Abschlussprüfung, bei der ein s.g. Gesamtwerk hergestellt werden muss, besteht die Zwischenprüfung aus drei einzelnen Aufgaben. Deshalb muss der Prüfling mit einem Aufwand und Umfang von einer Stunde je Aufgabe rechnen.

Inhalte und Grundlage der Werkpläne

Die in dieser Sammlung enthaltenen Werkpläne mit den entsprechenden Leistungsverzeichnissen wurden so entworfen, dass sie dem Fertigkeitsstand eines Auszubildenden zum Landschaftsgärtner am Ende des 2. Ausbildungsjahres entsprechen sollten. Die verwendeten Materialien sind gängig und handelsüblich. Regional gibt es allerdings Unterschiede, sodass die Materialien entsprechend ausgetauscht oder ersetzt werden müssen oder können.

In einigen Bundesländern werden offensichtlich ausschließlich Rasenborde mit maximal 50 cm Länge für Prüfungen verwendet. Die hier vorliegenden Werkpläne werden dem gerecht, wobei bei allen Plänen auch ersatzweise Borde mit einer Kantenlänge von 100 cm verwendet werden können. Auch der Einsatz von Tiefborden mit einer größeren Breite als 6 cm können verwendet werden. Allerdings ist dann jeweils zu prüfen, ob die Planmaße dann noch eingehalten werden können.
Betonpflaster und Gartenplatten wurden in gängigen Formaten ohne Verkaufsbezeichnungen gewählt.

Die Werkpläne können gezielt zur Prüfungsvorbereitung auf die Zwischenprüfung eingesetzt werden. Jede Ausführung kann und soll innerhalb einer Stunde fertig gestellt sein. Es sind sowohl Gewerke mit, als auch ohne Gefälle enthalten. Da die Prüfungen meist in Bodenhallen oder auch im Freiland auf anstehendem Boden oder Sand/ Kies ohne die Verwendung von Ortbeton durchgeführt werden, wurden die Leistungsbeschreibungen entsprechend formuliert, wie sie auch (entgegen den Normen und Richtlinien) in ähnlicher Weise am Prüfungstag vorliegen könnten.

Der angegebene Maßstab kann bedingt durch den Druck und die Datenverarbeitung von der Zeichnung abweichen. Die Elemente der Zeichnung sind untereinander maßstäblich. Die in jedem Plan enthaltene Materialliste ermöglicht ein exaktes Zuordnen der Planinhalte.

Bei der Erstellung der Pläne wurde versucht, sowohl eine Über- als auch eine Unterforderung zu vermeiden. Die Prüfungsaufgaben in den jeweiligen Regionen bestimmen die zuständigen Prüfungsausschüsse. Die Anforderungen können also unterschiedlich sein, die Bewertungskriterien werden ebenso durch die Ausschüsse bestimmt.

10 Werkpläne zur Vorbereitung auf die Zwischenprüfung

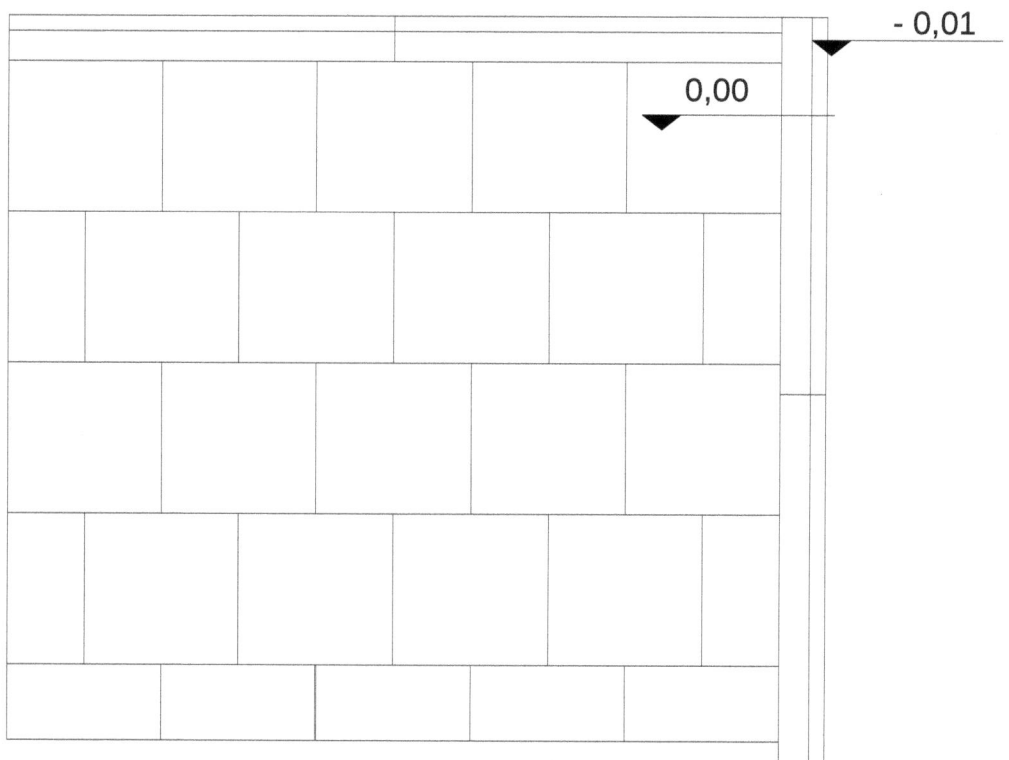

- 0,01

0,00

N

Materialliste

Material	Format	Menge
Rasenbord	6 x 20 x 50 cm	4 St
Betonsteinpflaster	20 x 20 x 8 cm	18 St
Betonsteinpflaster	10 x 20 x 8 cm	9 St

Alle Maße der Materialien können abweichen und sind zu überprüfen.

Prüfungsvorbereitung zur Zwischenprüfung Gärtner/Gärtnerin, Fachrichtung Garten- und Landschaftsbau

©Thomas Gottwald
30.01.2009

Werkplan Nr. 1

Maßstab 1:10

Leistungsverzeichnis zum Werkplan 1

Das Gewerk ist vom Prüfling in 1 Stunde fertig zu stellen. Höhenangaben sind aus dem Plan zu entnehmen. Die vorgegebene Ausgangshöhe (0,00) ist zu übertragen. Das gesamte Gewerk ist ohne Gefälle zu erstellen. Nicht vollständig erfüllte Prüfungsleistungen führen zu Punktabzügen, nicht erbrachte Prüfungsleistungen werden mit der Note ungenügend bewertet.

Pos	Menge	Beschreibung
1		Baustelleneinrichtung
1.1	pauschal	Baustelle einrichten, Ausführungsplan und Leistungsverzeichnis auf die Baustelle übertragen
2		Herstellen von befestigten Flächen
2.1	1,0 m²	Vorbereiten der Wegebelagsfläche fachgerecht und höhengerecht: - Aushub herstellen - höhengerechtes Planieren und Verdichten der Tragschicht (anstehender Boden ist als Tragschicht anzusehen und zu verwenden
2.2	2,0 m	Rasenborde 6 x 20 x 50 cm aus Beton mit Ansicht einbauen
2.3	0,8 m²	Einbau von Betonpflastersteinen 20 x 20 x 8 cm und 10 x 20 x 8 cm als Läuferverband. Pflasterbettung aus anstehendem Boden, Schichtstärke 4 cm im verdichteten Zustand.. einschließlich Einsanden
2.4	1,0 m	Einbau von Betonsteinen 10 x 20 x 8 cm als Randzeile. Pflasterbettung aus anstehendem Boden, Schichtdicke 4 cm im verdichteten Zustand, einschließlich Einsanden.

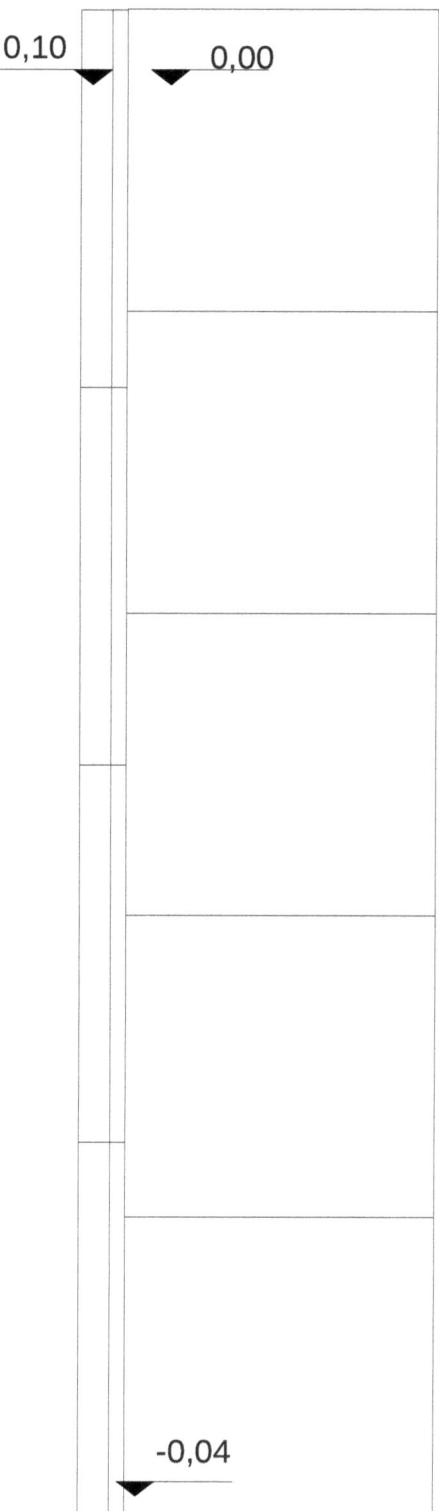

0,10   0,00

-0,04

Materialliste

Material	Format	Menge
Rasenbord	6 x 20 x 50 cm	4
Gartenplatten	40 x 40 x 5 cm	5

Alle Maße der Materialien können abweichen und sind zu überprüfen.

N

Prüfungsvorbereitung zur Zwischenprüfung Gärtner/Gärtnerin, Fachrichtung Garten- und Landschaftsbau

©Thomas Gottwald
31.01.2009

Werkplan Nr. 2

Maßstab 1 : 10

Leistungsverzeichnis zum Werkplan 2

Das Gewerk ist vom Prüfling in 1 Stunde fertig zu stellen. Höhenangaben sind aus dem Plan zu entnehmen. Die vorgegebene Ausgangshöhe (0,00) ist zu übertragen. Nicht vollständig erfüllte Prüfungsleistungen führen zu Punktabzügen, nicht erbrachte Prüfungsleistungen werden mit der Note ungenügend bewertet.

Pos	Menge	Beschreibung
1		Baustelleneinrichtung
1.1	pauschal	Baustelle einrichten, Ausführungsplan und Leistungsverzeichnis auf die Baustelle übertragen
2		Herstellen von befestigten Flächen
2.1	1,0 m²	Vorbereiten der Wegebelagsfläche fachgerecht und höhengerecht: - Aushub herstellen - höhengerechtes Planieren und Verdichten der Tragschicht (anstehender Boden ist als Tragschicht anzusehen und zu verwenden
2.2	2,0 m	Rasenborde 6 x 20 x 50 cm aus Beton mit Ansicht einbauen
2.3	0,8 m²	Einbau von Gartenplatten 40 x 40 x 5cm. Bettung aus anstehendem Boden,Schichtstärke 4 cm im verdichteten Zustand einschließlich Einsanden

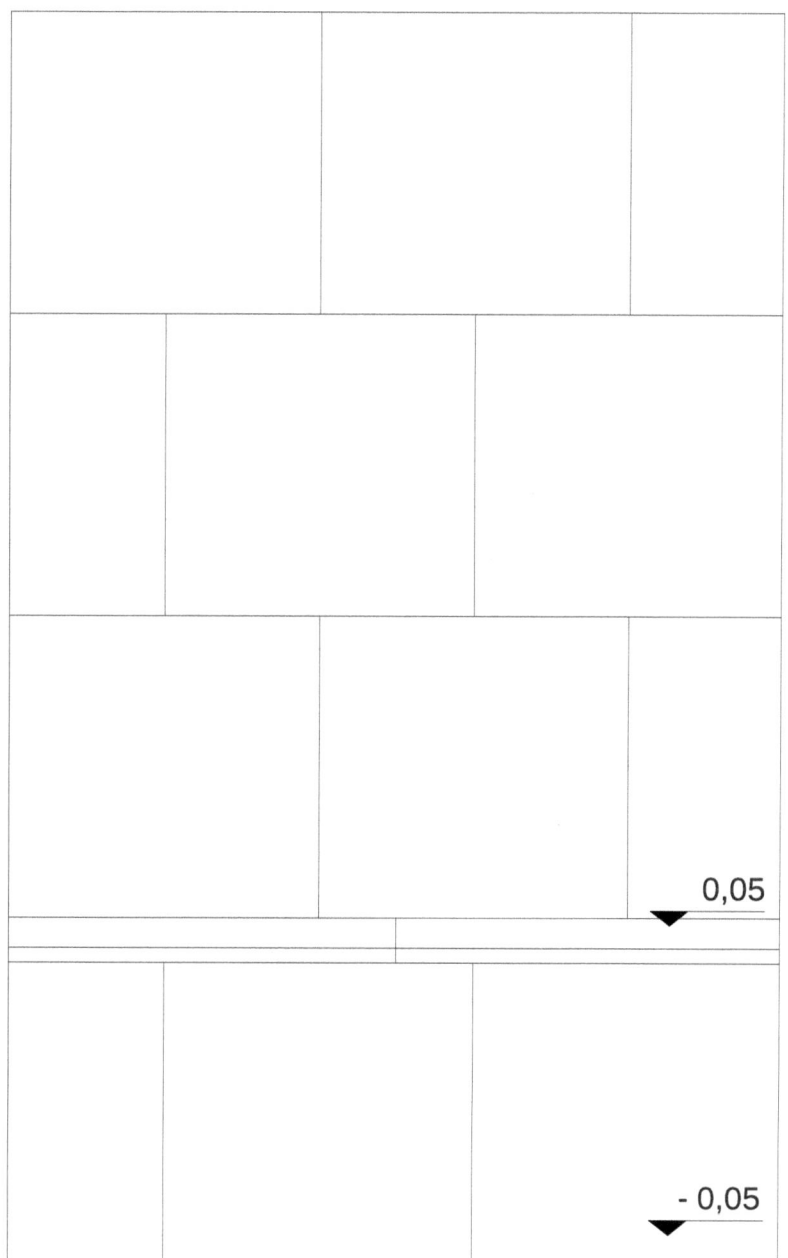

0,05

- 0,05

Materialliste

Material	Format	Menge
Rasenbord	6 x 20 x 50 cm	2
Gartenplatten	40 x 40 x 5 cm	8
Gartenplatten	20 x 40 x 5 cm	4

N

Alle Maße der Materialien können abweichen und sind zu überprüfen.

Prüfungsvorbereitung zur Zwischenprüfung Gärtner/Gärtnerin, Fachrichtung Garten- und Landschaftsbau

©Thomas Gottwald
31.01.2009

Werkplan Nr. 3

Maßstab 1 : 10

Leistungsverzeichnis zum Werkplan 3

Das Gewerk ist vom Prüfling in 1 Stunde fertig zu stellen. Höhenangaben sind aus dem Plan zu entnehmen. Die vorgegebene Ausgangshöhe (0,00) ist zu übertragen. Das gesamte Gewerk ist ohne Gefälle zu erstellen. Nicht vollständig erfüllte Prüfungsleistungen führen zu Punktabzügen, nicht erbrachte Prüfungsleistungen werden mit der Note ungenügend bewertet.

Pos	Menge	Beschreibung
1		Baustelleneinrichtung
1.1	pauschal	Baustelle einrichten, Ausführungsplan und Leistungsverzeichnis auf die Baustelle übertragen
2		Herstellen von befestigten Flächen
2.1	1,7 m²	Vorbereiten der Wegebelagsfläche fachgerecht und höhengerecht: - Aushub herstellen - höhengerechtes Planieren und Verdichten der Tragschicht (anstehender Boden ist als Tragschicht anzusehen und zu verwenden
2.2	1,0 m	Rasenborde 6 x 20 x 50 cm aus Beton mit Ansicht einbauen
2.3	1,6 m²	Einbau von Gartenplatten 40 x 40 x 5 cm und 20 x 40 x 5 cm als Läuferverband. Bettung aus anstehendem Boden, Schichtstärke 4 cm im verdichteten Zustand, einschließlich Einsanden

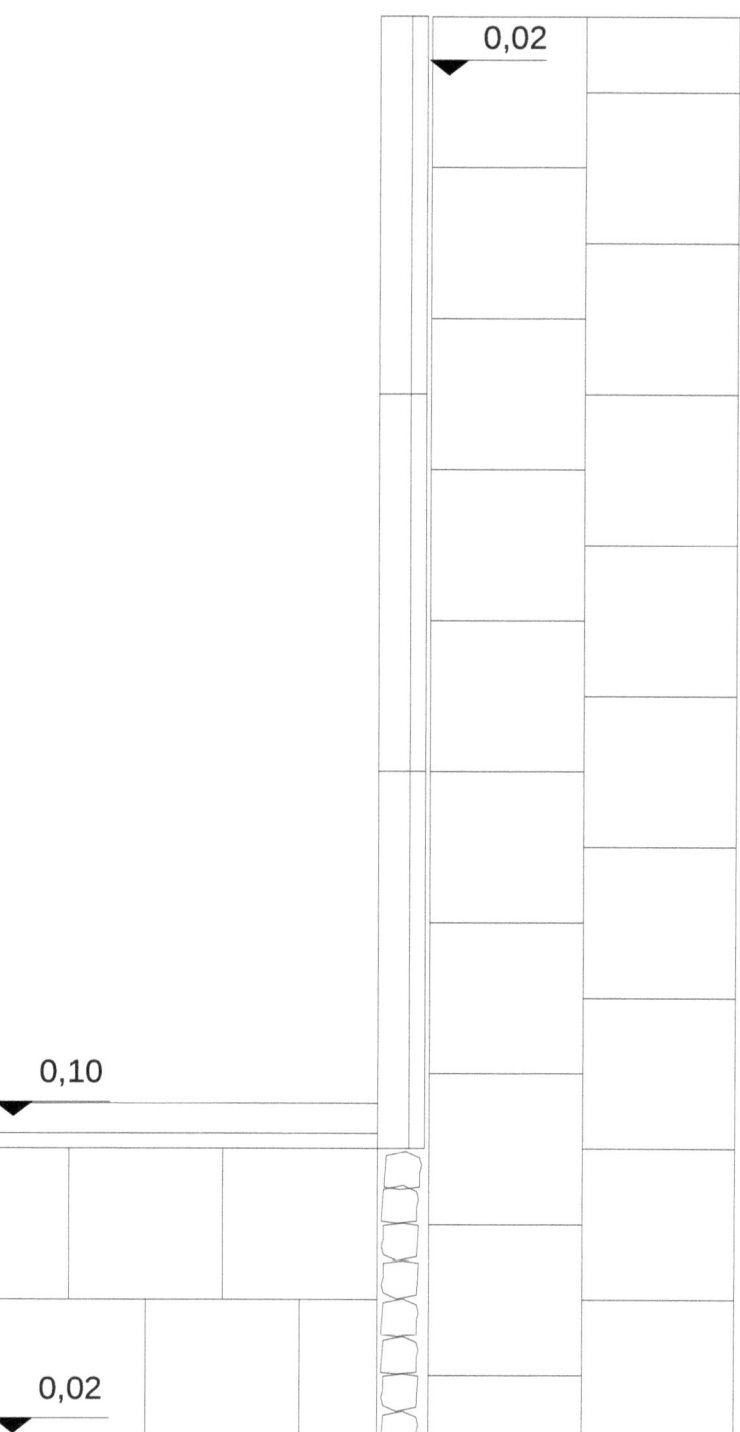

0,02

0,10

0,02

Materialliste

Material	Format	Menge
Rasenbord	٦ x ٢٠ x ٥٠ cm	٣
Betonsteinpflaster	٢٠ x ٢٠ x ٨ cm	ca. ١,٠٠ m²
Betonsteinpflaster	١٠ x ٢٠ x ٨ cm	٣
Granit-Mosaikpflaster	٤/٦	nach Bedarf

Alle Maße der Materialien können abweichen und sind zu überprüfen.

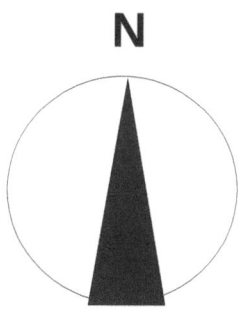

N

Leistungsverzeichnis zum Werkplan 4

Das Gewerk ist vom Prüfling in 1 Stunde fertig zu stellen. Höhenangaben sind aus dem Plan zu entnehmen. Die vorgegebene Ausgangshöhe (0,00) ist zu übertragen. Das gesamte Gewerk ist ohne Gefälle zu erstellen. Nicht vollständig erfüllte Prüfungsleistungen führen zu Punktabzügen, nicht erbrachte Prüfungsleistungen werden mit der Note ungenügend bewertet.

Pos	Menge	Beschreibung
1		Baustelleneinrichtung
1.1	pauschal	Baustelle einrichten, Ausführungsplan und Leistungsverzeichnis auf die Baustelle übertragen
2		Herstellen von befestigten Flächen
2.1	1,5 m²	Vorbereiten der Wegebelagsfläche fachgerecht und höhengerecht: - Aushub herstellen - höhengerechtes Planieren und Verdichten der Tragschicht (anstehender Boden ist als Tragschicht anzusehen und zu verwenden
2.2	2,0 m	Rasenborde 6 x 20 x 50 cm aus Beton mit Ansicht einbauen
2.3	ca. 1,0 m²	Einbau von Rechteckpflaster 20 x 20 x 8 cm und 20 x 10 x 8 cm als Läuferverband. Pflasterbettung aus anstehendem Boden, Schichtstärke 4 cm im verdichteten Zustand.. einschließlich Einsanden
2.4	0,4 m	Einzeiler aus Granit-Mosaikpflaster 4/6 als Abgrenzung innerhalb des Pflasterbelages einbauen.Pflasterbettung aus anstehendem Boden, Schichtstärke 4 cm im verdichteten Zustand, einschließlich Einsanden.

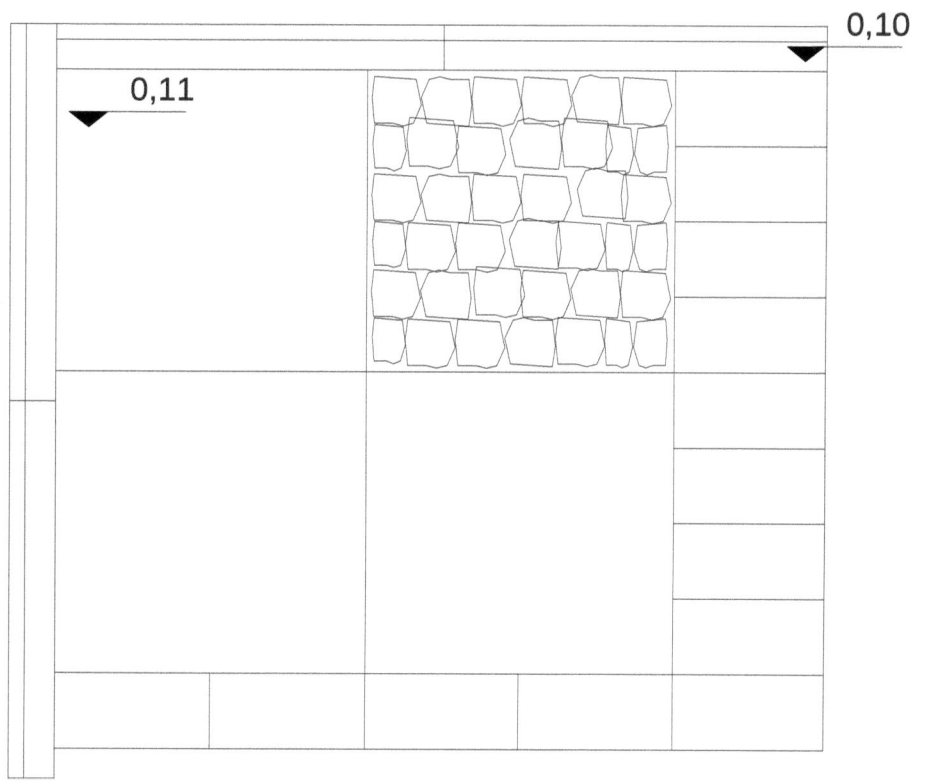

0,10

0,11

Materialliste

Material	Format	Menge
Rasenbord	6 x 20 x 50 cm	4
Gartenplatte	40 x 40 x 5 cm	3
Betonsteinpflaster	10 x 20 x 8 cm	13
Granitmosaikpflaster	4/6	0,16 m²

Alle Maße der Materialien können abweichen und sind zu überprüfen.

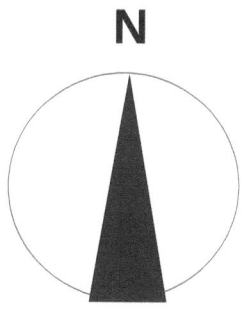

N

Prüfungsvorbereitung zur Zwischenprüfung Gärtner/Gärtnerin, Fachrichtung Garten- und Landschaftsbau	
©Thomas Gottwald 31.01.2009	Werkplan Nr. 5	Maßstab 1: 10

Leistungsverzeichnis zum Werkplan 5

Das Gewerk ist vom Prüfling in 1 Stunde fertig zu stellen. Höhenangaben sind aus dem Plan zu entnehmen. Die vorgegebene Ausgangshöhe (0,00) ist zu übertragen. Das gesamte Gewerk ist ohne Gefälle zu erstellen. Nicht vollständig erfüllte Prüfungsleistungen führen zu Punktabzügen, nicht erbrachte Prüfungsleistungen werden mit der Note ungenügend bewertet.

Pos	Menge	Beschreibung
1		Baustelleneinrichtung
1.1	pauschal	Baustelle einrichten, Ausführungsplan und Leistungsverzeichnis auf die Baustelle übertragen
2		Herstellen von befestigten Flächen
2.1	1,0 m²	Vorbereiten der Wegebelagsfläche fachgerecht und höhengerecht: - Aushub herstellen - höhengerechtes Planieren und Verdichten der Tragschicht (anstehender Boden ist als Tragschicht anzusehen und zu verwenden
2.2	2,0 m	Rasenborde 6 x 20 x 50 cm aus Beton mit Ansicht einbauen
2.3	3,0 St	Einbau von Gartenplatten 40 x 40 x 5 cm gem. Plan. Bettung aus anstehendem Boden, Schichtstärke 4 cm im verdichteten Zustand, einschließlich Einsanden
2.4	0,16 m²	Granit-Mosaikpflaster 4/6 innerhalb des Pflasterbelages einbauen. Pflasterbettung aus anstehendem Boden, Schichtstärke 4 cm im verdichteten Zustand, einschließlich Einsanden
2.5	13 St	Einbau von Rechteckpflaster 20 x 10 x 8 cm gem. Plan. Pflasterbettung aus anstehendem Boden, Schichtstärke 4 cm im verdichteten Zustand, einschließlich Einsanden.

0,00   0,02

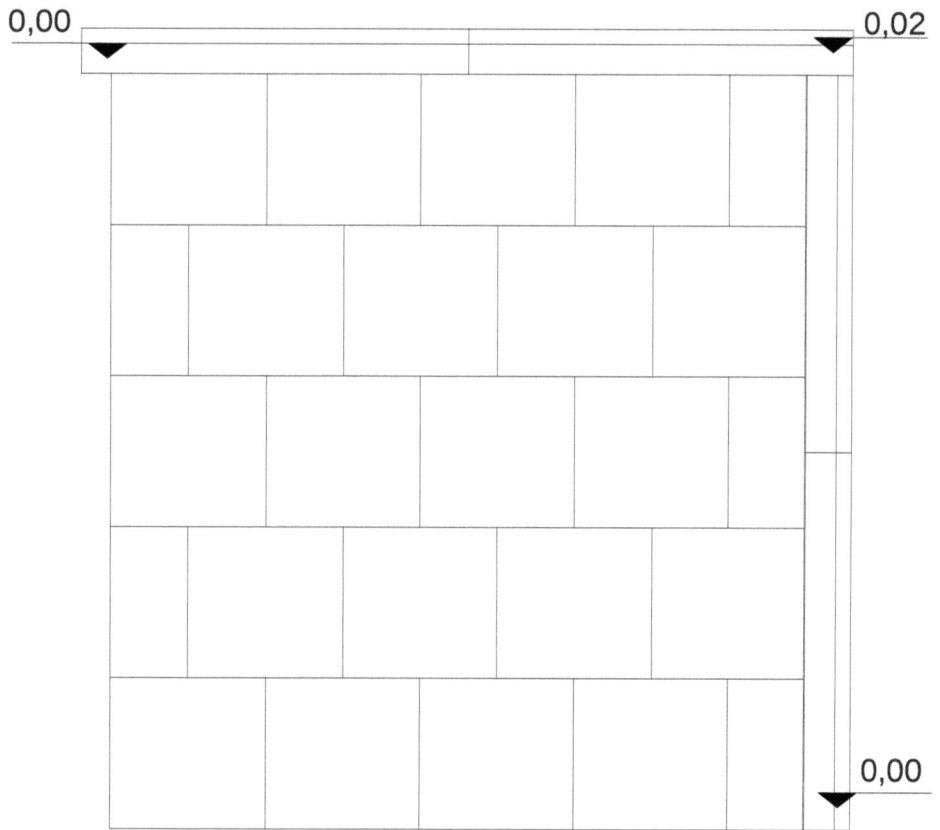

0,00

Materialliste

Material	Format	Menge
Rasenbord	6 x 20 x 50 cm	4
Betonsteinpflaster	20 x 20 x 8 cm	20
Betonsteinpflaster	10 x 20 x 8 cm	5

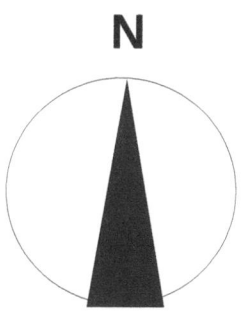

N

Alle Maße der Materialien können abweichen und sind zu überprüfen.

Prüfungsvorbereitung zur Zwischenprüfung Gärtner/Gärtnerin, Fachrichtung Garten- und Landschaftsbau

©Thomas Gottwald
31.01.2009

Werkplan Nr. 6

Maßstab 1: 10

Leistungsverzeichnis zum Werkplan 6

Das Gewerk ist vom Prüfling in 1 Stunde fertig zu stellen. Höhenangaben sind aus dem Plan zu entnehmen. Die vorgegebene Ausgangshöhe (0,00) ist zu übertragen. Nicht vollständig erfüllte Prüfungsleistungen führen zu Punktabzügen, nicht erbrachte Prüfungsleistungen werden mit der Note ungenügend bewertet.

Pos	Menge	Beschreibung
1		Baustelleneinrichtung
1.1	pauschal	Baustelle einrichten, Ausführungsplan und Leistungsverzeichnis auf die Baustelle übertragen
2		Herstellen von befestigten Flächen
2.1	1,0 m²	Vorbereiten der Wegebelagsfläche fachgerecht und höhengerecht: - Aushub herstellen - höhengerechtes Planieren und Verdichten der Tragschicht (anstehender Boden ist als Tragschicht anzusehen und zu verwenden
2.2	2,0 m	Rasenborde 6 x 20 x 50 cm aus Beton mit Ansicht einbauen
2.3	0,9 m²	Einbau von Rechteckpflaster 20 x 20 x 8 cm und als 20 x 10 x 8 cm imLäuferverband. Pflasterbettung aus anstehendem Boden, Schichtstärke 4 cm im verdichteten Zustand, einschließlich Einsanden.

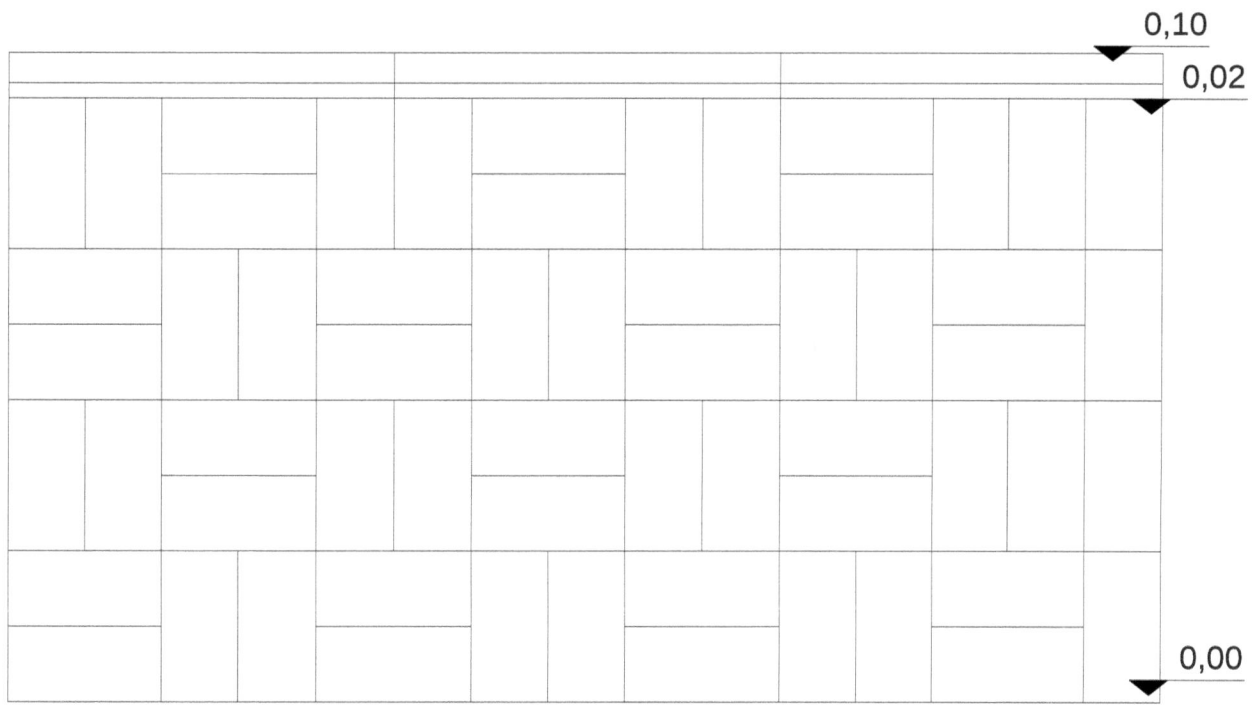

0,10

0,02

0,00

Materialliste

Material	Format	Menge
Rasenbord	6 x 20 x 50 cm	3
Betonsteinpflaster	10 x 20 x 8 cm	1,20 m²

N

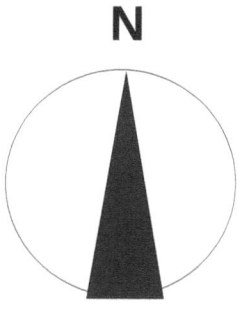

Alle Maße der Materialien können abweichen und sind zu überprüfen.

Prüfungsvorbereitung zur Zwischenprüfung Gärtner/Gärtnerin, Fachrichtung Garten- und Landschaftsbau

©Thomas Gottwald
31.01.2009

Werkplan Nr. 7

Maßstab 1: 10

Leistungsverzeichnis zum Werkplan 7

Das Gewerk ist vom Prüfling in 1 Stunde fertig zu stellen. Höhenangaben sind aus dem Plan zu entnehmen. Die vorgegebene Ausgangshöhe (0,00) ist zu übertragen. Nicht vollständig erfüllte Prüfungsleistungen führen zu Punktabzügen, nicht erbrachte Prüfungsleistungen werden mit der Note ungenügend bewertet.

Pos	Menge	Beschreibung
1		Baustelleneinrichtung
1.1	pauschal	Baustelle einrichten, Ausführungsplan und Leistungsverzeichnis auf die Baustelle übertragen
2		Herstellen von befestigten Flächen
2.1	1,3 m²	Vorbereiten der Wegebelagsfläche fachgerecht und höhengerecht: - Aushub herstellen - höhengerechtes Planieren und Verdichten der Tragschicht (anstehender Boden ist als Tragschicht anzusehen und zu verwenden
2.2	1,5 m	Rasenborde 6 x 20 x 50 cm aus Beton mit Ansicht einbauen
2.3	1,2 m²	Einbau von Rechteckpflaster 20 x 10 x 8 cm im Blockverband. Pflasterbettung aus anstehendem Boden, Schichtstärke 4 cm im verdichteten Zustand, einschließlich Einsanden.

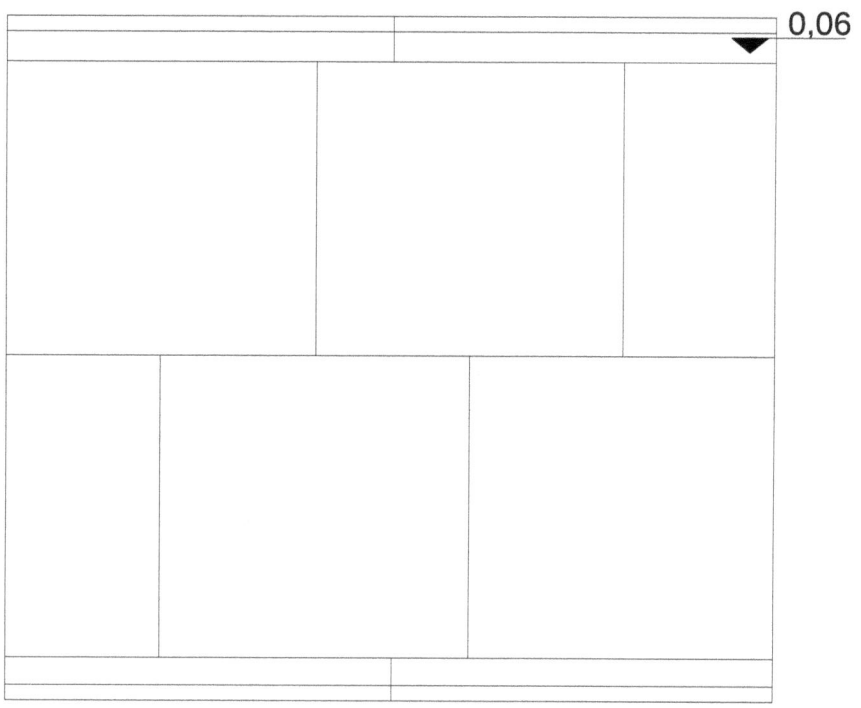

0,06

Materialliste

Material	Format	Menge
Rasenbord	6 x 20 x 50 cm	4
Gartenplatten	40 x 40 x 5 cm	4
Betonsteinpflaster	40 x 20 x 5 cm	2

N

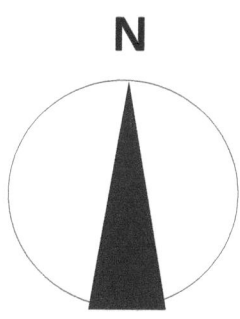

Alle Maße der Materialien können abweichen und sind zu überprüfen.

Prüfungsvorbereitung zur Zwischenprüfung Gärtner/Gärtnerin, Fachrichtung Garten- und Landschaftsbau

©Thomas Gottwald
31.01.2009

Werkplan Nr. 8

Maßstab 1: 10

Leistungsverzeichnis zum Werkplan 8

Das Gewerk ist vom Prüfling in 1 Stunde fertig zu stellen. Höhenangaben sind aus dem Plan zu entnehmen. Die vorgegebene Ausgangshöhe (0,00) ist zu übertragen. Das gesamte Gewerk ist ohne Gefälle zu erstellen. Nicht vollständig erfüllte Prüfungsleistungen führen zu Punktabzügen, nicht erbrachte Prüfungsleistungen werden mit der Note ungenügend bewertet.

Pos	Menge	Beschreibung
1		Baustelleneinrichtung
1.1	pauschal	Baustelle einrichten, Ausführungsplan und Leistungsverzeichnis auf die Baustelle übertragen
2		Herstellen von befestigten Flächen
2.1	1,0 m²	Vorbereiten der Wegebelagsfläche fachgerecht und höhengerecht: - Aushub herstellen - höhengerechtes Planieren und Verdichten der Tragschicht (anstehender Boden ist als Tragschicht anzusehen und zu verwenden
2.2	2,0 m	Rasenborde 6 x 20 x 50 cm aus Beton mit Ansicht einbauen
2.3	0,8 m²	Einbau von Gartenplatten 40 x 40 x 5 cm und 40 x 20 x 5 cm mit 1 cm Überhöhung über den Rasenborden. Bettung aus anstehendem Boden, Schichtstärke 4 cm im verdichteten Zustand, einschließlich Einsanden

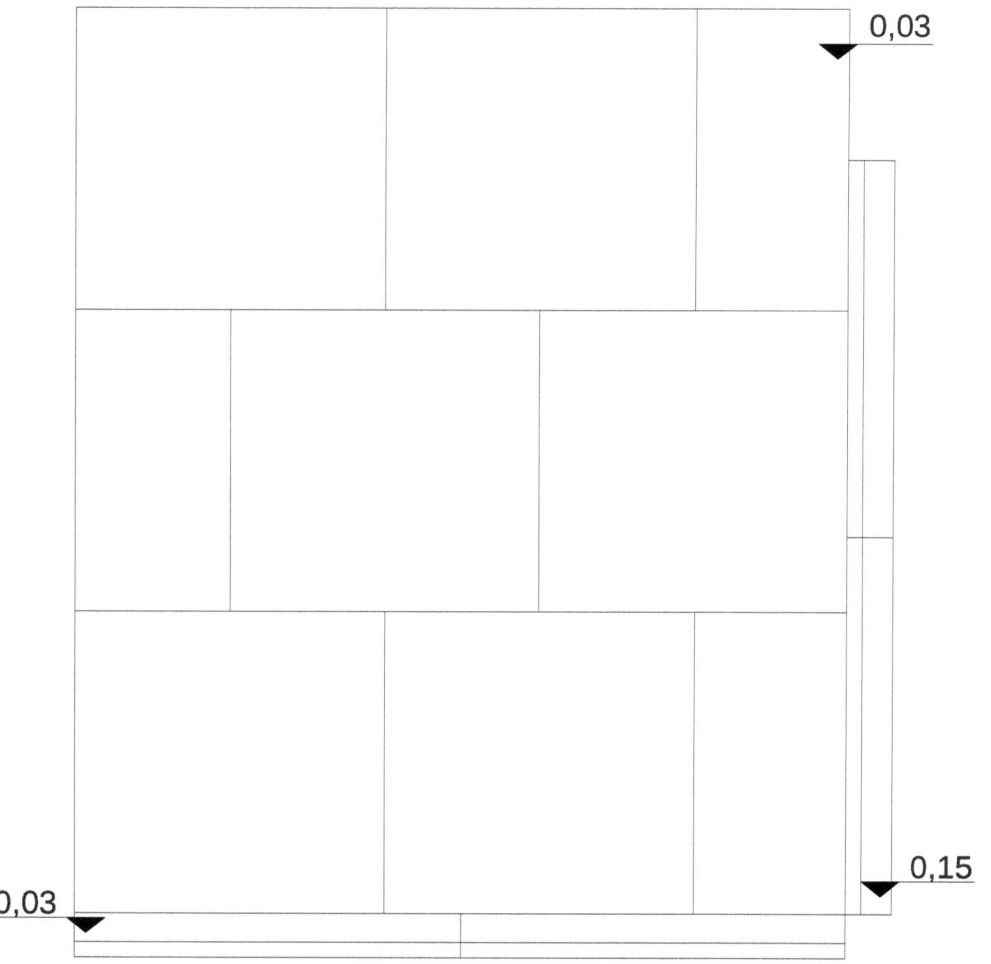

0,03

0,03

0,15

Materialliste

Material	Format	Menge
Rasenbord	6 x 20 x 50 cm	4
Gartenplatten	40 x 40 x 5 cm	6
Gartenplatten	20 x 40 x 5 cm	3

N

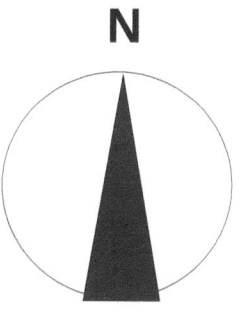

Alle Maße der Materialien können abweichen und sind zu überprüfen.

Prüfungsvorbereitung zur Zwischenprüfung Gärtner/Gärtnerin, Fachrichtung Garten- und Landschaftsbau

Werkplan Nr. 9

Maßstab 1: 10

Leistungsverzeichnis zum Werkplan 9

Das Gewerk ist vom Prüfling in 1 Stunde fertig zu stellen. Höhenangaben sind aus dem Plan zu entnehmen. Die vorgegebene Ausgangshöhe (0,00) ist zu übertragen. Das gesamte Gewerk ist ohne Gefälle zu erstellen. Nicht vollständig erfüllte Prüfungsleistungen führen zu Punktabzügen, nicht erbrachte Prüfungsleistungen werden mit der Note ungenügend bewertet.

Pos	Menge	Beschreibung
1		Baustelleneinrichtung
1.1	pauschal	Baustelle einrichten, Ausführungsplan und Leistungsverzeichnis auf die Baustelle übertragen
2		Herstellen von befestigten Flächen
2.1	1,25 m²	Vorbereiten der Wegebelagsfläche fachgerecht und höhengerecht: - Aushub herstellen - höhengerechtes Planieren und Verdichten der Tragschicht (anstehender Boden ist als Tragschicht anzusehen und zu verwenden
2.2	2,0 m	Rasenborde 6 x 20 x 50 cm aus Beton mit Ansicht einbauen
2.3	1,2 m²	Einbau von Gartenplatten 40 x 40 x 5 cm und 40 x 20 x 5 cm gem Plan. Bettung aus anstehendem Boden, Schichtstärke 4 cm im verdichteten Zustand, einschließlich Einsanden

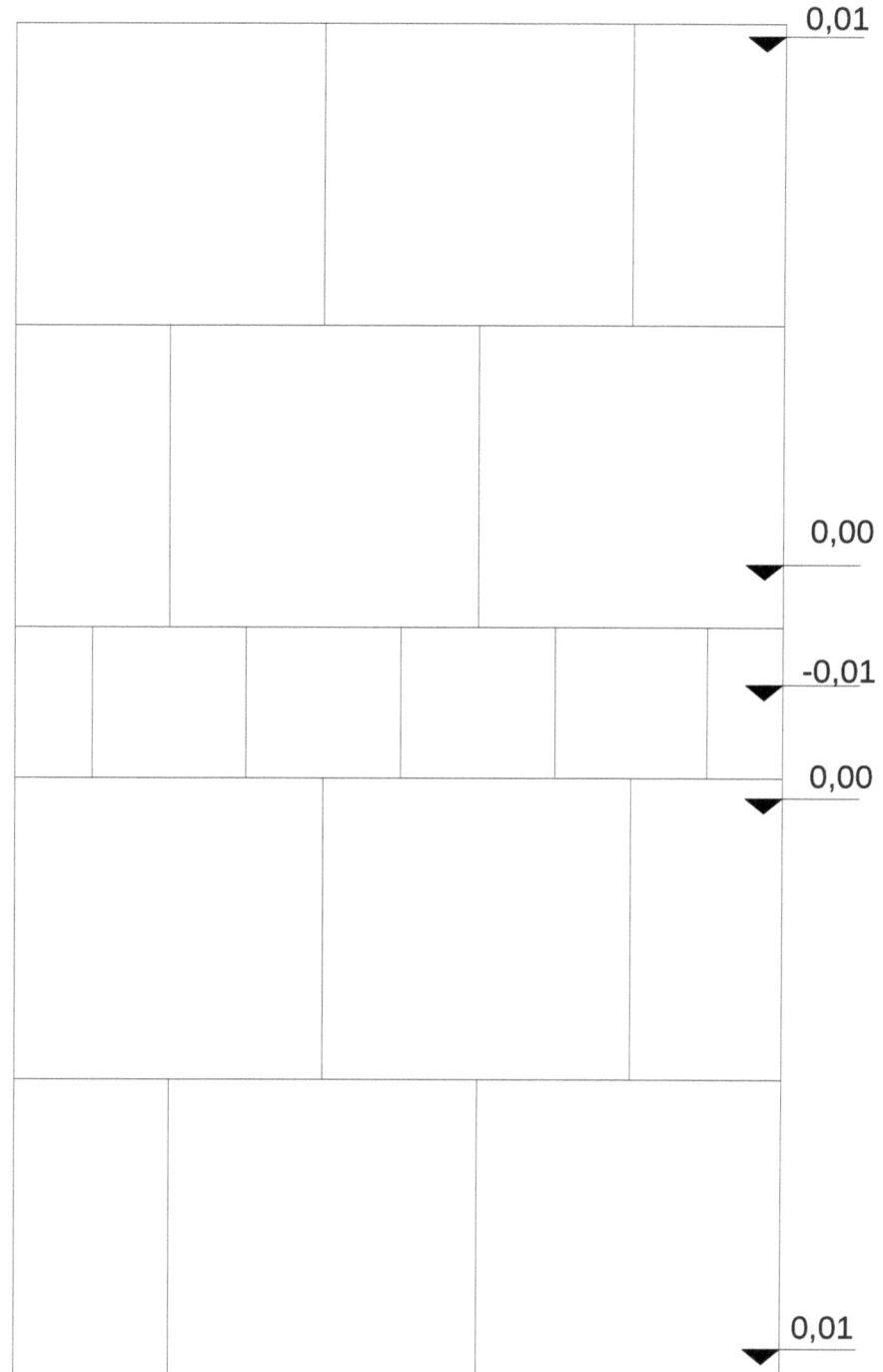

0,01

0,00

-0,01

0,00

0,01

Materialliste

Material	Format	Menge
Gartenplatten	40 x 40 x 5 cm	8
Gartenplatten	20 x 40 x 5 cm	4
Betonsteinpflaster	20 x 20 x 8 cm	4
Betonsteinpflaster	10 x 20 x 8 cm	2

N

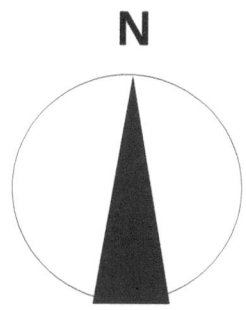

Alle Maße der Materialien können abweichen und sind zu überprüfen.

Prüfungsvorbereitung zur Zwischenprüfung Gärtner/Gärtnerin, Fachrichtung Garten- und Landschaftsbau

©Thomas Gottwald
31.01.2009

Werkplan Nr. 10

Maßstab 1: 10

Leistungsverzeichnis zum Werkplan 10

Das Gewerk ist vom Prüfling in 1 Stunde fertig zu stellen. Höhenangaben sind aus dem Plan zu entnehmen. Die vorgegebene Ausgangshöhe (0,00) ist zu übertragen. Nicht vollständig erfüllte Prüfungsleistungen führen zu Punktabzügen, nicht erbrachte Prüfungsleistungen werden mit der Note ungenügend bewertet.

Pos	Menge	Beschreibung
1		Baustelleneinrichtung
1.1	pauschal	Baustelle einrichten, Ausführungsplan und Leistungsverzeichnis auf die Baustelle übertragen
2		Herstellen von befestigten Flächen
2.1	1,80 m²	Vorbereiten der Wegebelagsfläche fachgerecht und höhengerecht: - Aushub herstellen - höhengerechtes Planieren und Verdichten der Tragschicht (anstehender Boden ist als Tragschicht anzusehen und zu verwenden
2.3	1,6 m²	Einbau von Gartenplatten 40 x 40 x 5 cm und 40 x 20 x 5 cm gem Plan. Bettung aus anstehendem Boden,Schichtstärke 4 cm im verdichteten Zustand, einschließlich Einsanden
2.4	1,0 m	Einbau von Betonsteinpflaster 20 x 20 x 8 cm und 10 x 20 x 8 cm gem. Plan als Rinne im Läuferverband. Bettung aus anstehendem Boden,Schichtstärke 4 cm im verdichteten Zustand, einschließlich Einsanden